HENRI COUPIN

Docteur ès sciences
Préparateur de Botanique à la Sorbonne

Les
Plantes qui guérissent

Avec 4 planches en couleurs hors texte

PARIS

LIBRAIRIE C. REINWALD

SCHLEICHER FRÈRES & Cie, ÉDITEURS

15, RUE DES SAINTS-PÈRES, 15

1904

LES PLANTES

QUI GUÉRISSENT

Henri COUPIN

Docteur ès-sciences
Préparateur de botanique à la Sorbonne

Les plantes
qui guérissent

Avec 4 planches en couleurs hors texte

PARIS

LIBRAIRIE C. REINWALD

SCHLEICHER FRÈRES ET Cⁱᵉ, ÉDITEURS

15, RUE DES SAINTS-PÈRES, 15

LES PLANTES QUI GUÉRISSENT

PLANCHE I

1. BOURDAINE (*Rhamnus frangula*). — La Bourdaine, de la famille des Rhamnées, est encore assez peu employée en médecine, mais on semble vouloir l'utiliser de plus en plus. Son écorce est, en effet, un violent purgatif. En somme, la Bourdaine peut remplacer leNerprun dont nous verrons l'histoire un peu plus loin (n° 8).

Caractères botaniques de la Bourdaine. — Arbrisseau de 2 à 3 mètres. Ecorce brune. Feuilles pétiolées, elliptiques ou ovales, non dentées, sinueuses. 8 à 10 nervures secondaires saillantes, presque droites et parallèles. Fleurs blanchâtres, hermaphrodites, pentamères. Fruit (baie) de la grosseur d'un pois, d'abord rouge, puis noir.

2. VALÉRIANE (*Valeriana officinalis*). — La Valériane officinale, de la famille des Valérianées, est bien connue dans les campagnes où elle est, en général, assez commune quand elle trouve les conditions nécessaires à son bon développement et notamment une humidité suffisante. C'est, en effet, dans les marais, au bord des eaux, quelquefois dans les bois humides, qu'elle croît de préférence et se fait alors remarquer par sa grande taille, ses feuilles agréablement découpées, ses fleurs tassées les unes contre les autres, d'un beau blanc, légèrement rosé, et répandant une odeur douce. Elle est si jolie et si élégante qu'on la cultive dans quelques jardins : on la multiplie soit à l'aide de graines semées au printemps, soit à l'aide d'éclats de pieds. La culture affaiblit malheureusement beaucoup ses propriétés médicinales.

La Valériane est célèbre depuis longtemps par une curieuse particularité qui lui a fait donner le nom d'*Herbe aux chats*. Quand on présente, en effet, sa racine à un chat, celui-ci la flaire et en est comme enivré. Il se livre alors à mille cabrioles, fait sauter la racine en l'air, se roule dessus pendant des heures entières comme un petit fou : dans les jardins botaniques, on est même obligé de la cultiver sous verre pour empêcher la déprédation des chats.

Cette racine est aussi la partie de la plante que l'on utilise en médecine. On la recueille au printemps, lorsqu'elle a trois ans environ, et avant que la tige aérienne n'ait poussé, on la dessèche à l'air et à l'étuve : elle doit être renouvelée tous les ans, car ses propriétés s'affaiblissent rapidement. Sèche, elle dégage une odeur assez forte que l'on a comparée à celle de l'urine de chat ; sa saveur est âcre et amère. Dans le commerce on en trouve deux variétés : l'une, qui a poussé dans une terre sèche et sablonneuse, est blanche, cylindrique et d'apparence cornée (variété *sylvestris*) ; l'autre, qui a poussé dans des endroits marécageux, a des radicelles d'un gris foncé, plus ridées et plus déliées (variété *palustris*). Cette dernière paraît moins efficace que l'autre.

Les principes actifs de la racine de la valériane sont une huile éthérée, le *valérol* ; un camphre, le *bornéol* ; un acide, l'*acide valérique*, et une résine noire et âcre.

On l'emploie surtout comme excitant et calmant (suivant la dose) du système nerveux, dans ce que l'on appelle des « vapeurs », des « maux de nerfs ». On l'ordonne dans diverses maladies nerveuses, telles que l'épilepsie, l'éclampsie, les étouffements, la chorée, etc. Toujours très désagréable à absorber, on la prend sous forme de poudre (1 à 10 grammes) ; de tisane (10 grammes pour un litre d'eau) ; de teinture éthérée (2 grammes) ; de teinture alcoolique (5 à 15 grammes) ; d'extrait en pilules (2 à 4 grammes) ; d'huile essentielle (6 à 10 gouttes) ; de teinture ammoniacale (20 à 30 gouttes).

Caractères botaniques de la Valériane. — Hauteur : de 1 mètre à 1 m. 5. Velue à la base. Racine formée de nombreuses radicelles épaisses, odorante. Tige droite, creuse, un peu divisée seulement dans le haut. Feuilles opposées, les inférieures avec un pétiole, les supérieures sans pétioles, divisées en 8 à 12 segments crantés. Fleurs apparaissant en juillet-août, rosées, d'un blanc rosé, odorantes, hermaphrodites. Inflorescence en corymbe. Ovaire infère. Corolle tubuleuse à cinq lobes, à tube bossu à la base. Trois étamines. Ovaire à un seul ovule. Style filiforme. Stigmate bifide. Akène strié, ovoïde, pourvu d'une aigrette plumeuse (*b*). Vivace.

3. NOYER (*Juglans regia*). — Ce bel arbre, de la famille des Juglandées, est surtout cultivé par les fruits, qui servent à l'alimentation (noix) et pour le beau bois qu'il donne quand il est vieux. Mais plusieurs de ses parties peuvent être utilisées en médecine.

A ce point de vue, les parties les plus importantes sont les feuilles, dont la saveur est amère et résineuse, et l'odeur assez forte quand on les froisse dans les doigts. On les récolte à n'importe quelle époque, et on les laisse sécher à l'air où elles perdent moitié de leur poids, et où elles prennent une teinte jaune-brun. On les utilise sous forme de vin, de collyre avec addition d'extrait de belladone (1), de pommade faite avec l'extrait, de sirop (3o à 45 grammes), d'extrait (4o à 8o centigrammes en pilules), de décoction (5o o/oo), d'infusion (2o o/oo). Ces feuilles agissent, — ou du moins sont quelquefois employées dans le traitement de la scrofule. On peut aussi s'en servir pour laver et panser les ulcères. La décoction est souvent employée dans le traitement des leucorrhées.

Les fleurs mâles entraient autrefois dans la confection d'un médicament aujourd'hui tombé en désuétude, connu sous le nom d'*eau des trois noix*. On l'obtenait en distillant la même eau, successivement sur les fleurs mâles, les cerneaux (noix non encore mûres) et, enfin, les noix mûres.

Les noix avant de se dessécher sont entourées d'une épaisse écorce verte, le brou, qui tache en noir intense les doigts qui l'épluchent. Ce brou est souvent employé pour teindre les bois d'ébénisterie en brun. Il est peu employé en médecine, du moins aujourd'hui. Autrefois il était cependant la base de la tisane antivénérienne de Pollini, et passait pour être efficace dans la syphilis, les dartres, la fièvre intermittente et la pustule maligne. De nos jours, quelques personnes l'emploient encore, à la dose de quelques centigrammes, comme excitant de la digestion et pour détruire les vers intestinaux ; son suc serait aussi efficace contre les verrues et la teigne. Le brou macéré dans de l'eau-de-vie et du sucre donne le « ratafia de brou de noix » dont la saveur est assez agréable. Autre emploi .. non médical du brou de noix : l'eau dans laquelle a macéré du brou de noix, versée sur le sol, en fait sortir les vers de terre pour la plus grande joie des pêcheurs à la ligne.

Les noix, quoique surtout alimentaires, peuvent aussi avoir des applications médicales : on en fait une émulsion agréable qui passe pour tuer les vers intestinaux. Pressées, elles laissent s'écouler une huile alimentaire, un peu verdâtre. Quand on l'extrait à chaud, cette huile devient purgative et s'emploie en lavements, à la dose de 2o à 3o grammes.

Citons enfin, comme utilisable, l'écorce du noyer qui passe pour vésicante et purgative.

Caractères botaniques du noyer. — Arbre ayant jusqu'à 2o mètres de haut, avec un tronc atteignant 3 à 4 mètres de circonférence. Ecorce blanche. Rameaux étalés formant par leur ensemble une tête arrondie. Feuilles alternes, composées de 7 à 9 folioles sinuées, les bords coriaces, d'un vert sombre. Fleurs apparaissant en mai, c'est-à-dire avant les feuilles, unisexuées, monoïques. Fleurs mâles (*a*) en chatons pendants aux branches de l'année précédente, cylindriques, de 7 à 1o centimètres de long. 14 à 36 étamines. Fleurs femelles (*b*) rassemblées à 2 ou 3 à l'extrémité des jeunes pousses entourées de toutes petites pétioles, presque réduites à un seul ovaire uniovulé, avec deux stigmates obtus. Fruit sans poils, globuleux, avec un sillon longitudinal. Péricarpe (brou) épais et noircissant à l'air. Endocarpe (coquille de noix) de la consistance du bois, marqué de lignes en creux et se fendant en deux parties égales. Graines très irrégulières à quatre parties (cuisses), renfermant un tissu blanc et huileux à saveur agréable. Vivace. Croît surtout dans les parties basses des montagnes, ne résistant pas à une température de 2o°. Originaire des montagnes de l'Asie Mineure.

4. TILLEUL (*Tilia europœa*). — Le Tilleul est un arbre vivant à l'état naturel dans beaucoup de forêts de l'Europe. Mais on le cultive aussi beaucoup dans les parcs et le long des avenues, où il est estimé pour son port, le bois que l'on en tire quand on l'abat et l'agréable ombrage qu'il produit. Accessoirement on en tire une partie bien connue en herboristerie : ce sont les fleurs qui, groupées à plusieurs, partent d'une tige commune, laquelle vient s'attacher au milieu d'une feuille un peu coriace, une bractée. Ces fleurs ont une saveur douce et mucilagineuse ainsi qu'une odeur agréable, souvent très forte au moment de la pleine flo-

(1) Voir *Les plantes qui tuent*, planche I.

raison. Pour les récoltes, il faut choisir une belle journée, bien sèche, du mois de juillet : on les étale à terre, sur un journal, même en plein soleil. Elles perdent ainsi un peu de leur odeur, mais conservent leur teinte jaune (si elles deviennent rouges, c'est que la dessiccation a été mal faite). Il faut les conserver dans un lieu sec et à l'abri de la lumière : il est préférable de ne recueillir que les fleurs seules, bien que, dans le commerce, celles-ci soient presque toujours accompagnées de leur grande bractée.

Les fleurs de tilleul servent à faire une infusion : c'est une tisane populaire que l'on considère comme calmante et efficace contre les spasmes ou contractions involontaires de certains muscles. On l'ordonne dans le refroidissement et la première période des fièvres intermittentes. La tisane en est très bonne pour remettre une personne d'une indigestion.

Pour l'infusion, on prend généralement 10 grammes de fleurs dans un litre d'eau.

Le bois donne un charbon léger que l'on peut prendre dans les cas de maux d'estomac.

Caractères botaniques du Tilleul. — Arbre de 15 à 20 mètres. Écorce épaisse, rugueuse, fendillée dans le bas du tronc, lisse en haut. Rameaux rougeâtres. Feuilles alternes, pétiolées, un peu en forme de cœur, arrondies, dentées en scie, pourvues de poils à l'aisselle des nervures principales (ce qui la distingue de celle du noisetier à laquelle elle ressemble beaucoup). Fleurs jaunâtres, disposées en une cyme accolée en partie à une bractée. Cinq sépales. Cinq pétales concaves. Étamines nombreuses. Ovaire supère à 5 loges. Style simple avec cinq petits stigmates. Le fruit est une capsule.

5. CAMOMILLE ROMAINE (*Anthemis nobilis*). — Cette composée se rencontre dans beaucoup de nos champs et dans les lieux incultes ; on la cultive souvent dans les jardins (où elle se double facilement et où elle vient sans difficulté) et dont les produits sont meilleurs que ceux des individus sauvages.

On utilise les capitules, que l'on choisit petits, grisâtres, non entièrement développés, et que l'on récolte en juin ou juillet. Il est indispensable de les sécher rapidement pour ne pas leur faire perdre leurs propriétés ; pour cela, l'étuve est à recommander, mais on peut aussi se contenter de les étaler au soleil sur une feuille de papier. On les conserve dans des boîtes bien closes, mises dans un endroit sec, frais et obscur : leur odeur aromatique persiste ainsi longtemps.

On en fait, en infusion, une tisane à recommander dans les digestions pénibles, le manque d'appétit, les crampes d'estomac, les coliques causées par des gaz et la constipation. Son action stimulante la fait utiliser dans diverses maladies où l'on est abattu, notamment dans diverses fièvres qu'elle tend de plus en plus à faire décroître : comme le disait Trousseau, c'est le quinquina de l'antiquité. Pour l'infusion, employer 4 à 20 grammes des capitules pour un litre d'eau.

Caractères botaniques de la plante. — Taille de 1 à 3 décimètres. Touffue. Rampante. Odeur forte et caractéristique. Tige d'un vert blanchâtre. Feuilles petites, très découpées, à divisions très petites et velues. Fleurs disposées en capitules. Involucre presque plan. Réceptacle très convexe. Fleurons jaunes et hermaphrodites, entourés de demi-fleurons blancs et femelles. Akène petit et verdâtre surmonté d'un petit bourrelet membraneux. Vivace. Dans les pieds cultivés, toutes les fleurs sont des demi-fleurons blancs.

6. MILLEFEUILLE (*Achillea millefolium*). — Le Millefeuille ou Achillée millefeuille n'est pas une Ombellifère comme on est toujours tenté de le croire, mais une composée. Ses capitules blancs sont seulement formés d'un très petit nombre de fleurs. Ces capitules sont, à leur tour, disposés en un corymbe. Ce qui le fait, en outre, reconnaître facilement, ce sont ses feuilles allongées et extrêmement découpées à droite et à gauche. C'est une plante très commune le long des chemins, les lieux incultes et les prairies.

On l'employait autrefois dans le traitement des petites blessures : aussi, dans les campagnes, est-elle encore désignée sous le nom d'*Herbe à la coupure* ou d'*Herbe aux charpentiers*. Aujourd'hui elle n'est plus guère employée, bien qu'elle soit amère, aromatique et tonique.

7. TABAC (*Nicotiana tabacum*). — Le Tabac (famille des Solanées) n'est guère employé en médecine, sauf qu'en thérapeutique populaire, on utilise ses feuilles fermentées pour en frotter les mains et détruire la gale. Sa poudre peut être aussi ordonnée dans quelques cas pour faire éternuer (tabac à priser).

Les feuilles, récoltées à certaines époques et mises à fermenter dans des conditions particulières, constituent le tabac commercial. Ces feuilles roulées sur elles-mêmes donnent les cigares. Coupées en petits brins, c'est le tabac à cigarettes. Tassées et réunies en cordon, c'est la « chique », si employée des matelots. Les feuilles séchées et réduites en poudre donnent cet affreux tabac à priser dont il était de bon ton de se servir du temps de Louis XIV, mais dont l'usage tend, aujourd'hui, à disparaître de plus en plus.

L'emploi du tabac à fumer est toujours mauvais, bien, qu'à l'habitude, son action nocive tende à s'atténuer. Il renferme un alcaloïde très dangereux, la nicotine, qui est un poison violent.

Les débris de tabac, mis dans de l'eau, donnent une eau nicotinisée qui, pulvérisée sur les plantes, en tuent les parasites : les jardiniers l'emploient beaucoup contre les pucerons.

Caractères botaniques du Tabac. — Plante herbacée pouvant atteindre plus de 2 mètres, couverte de poils visqueux. Odeur désagréable. Tige cylindrique. Feuilles alternes, sans pétioles, très grandes, oblongues, molles, non dentées. Fleurs grandes. Calice tubuleux à cinq dents. Corolle allongée, en entonnoir, avec un tube cylindrique, gamopétale, à cinq dents, rose. Cinq étamines. Ovaire ovoïde à deux loges, devenant une capsule. Style simple. Graines noires très petites et très nombreuses. Plante annuelle.

8. Nerprun (*Rhamnus catharticus*). — Le Nerprun est un petit arbre de la famille des *Rhamnées* qui pousse spontanément dans nos bois et se cultive facilement. A l'automne, il porte des fruits (baies), d'abord verts, puis noirs, qui en sont la partie usitée. On récolte ces fruits lorsqu'ils sont bien mûrs, bien luisants, c'est-à-dire en septembre et en octobre. Comme la dessiccation leur fait perdre leurs propriétés purgatives, il faut les employer frais : on en fait un sirop de saveur très désagréable, que l'on prend à la dose de 20 à 60 grammes. On peut en faire aussi une décoction, à raison de 4 à 12 grammes pour un quart de litre d'eau. C'est un purgatif d'une extrême énergie : pour éviter des coliques, il est bon de le faire suivre d'une tisane adoucissante ou mucilagineuse, par exemple de mauve ou de guimauve.

L'eau de Nerprun est aussi purgative.

Les baies, mélangées avec de la chaux ou de l'alumine, donnent une couleur verte, utilisée comme telle et connue sous le nom de *vert de vessie*.

Caractères botaniques du Nerprun. — Arbuste de 2 à 3 mètres. Ecorce lisse, brun-grisâtre. Rameaux grisâtres, quelquefois terminés en pointe. Feuilles ovales, aiguës, dentées, non couvertes de poils, vert clair. Deux à trois nervures convergentes de chaque côté de la nervure médiane. Pétioles pourvues de stipules beaucoup plus courtes que lui. Fleurs apparaissant en mai-juin, petites, jaune-verdâtre, à sexes séparés, rapprochés en petits paquets à la base des jeunes rameaux. Calice en 4 lanières. Quatre pétales. Quatre étamines. Ovaire globuleux, à 4 loges. Quatre stigmates. Baie (b) sphérique avec, sur le côté, un sillon plus large à la base qu'au sommet.

9. Gentiane jaune (*Gentiana lutea*). — Cette plante est essentiellement une plante de montagne, mais ne s'élevant pas très haut : on la rencontre dans les terrains calcaires de la zone subalpine où tous les Alpinistes l'ont rencontrée et remarquée à cause de sa grande taille. On la trouve aussi bien dans les Alpes et les Pyrénées que dans les Cévennes, le Puy-de-Dôme, la Côte-d'Or et les Vosges ; son abondance y est telle qu'on ne la cultive que rarement dans les jardins. La partie utilisable est la racine que l'on récolte vers sa deuxième année, après la chute des feuilles. Après l'avoir épluchée sans la laver on la sèche à l'étuve. Les racines que l'on trouve chez les herboristes viennent généralement de Lorraine, de Suisse et de Bourgogne : ce sont des morceaux de la grosseur du pouce, durs, ridés, bruns à l'extérieur, jaunes à l'intérieur, de saveur amère et d'odeur désagréable.

C'est parmi nos plantes indigènes notre meilleur tonique : on la prescrit dans les maux d'estomac, dans l'anémie, la scrofule, etc. On en fait une poudre (à prendre : 1 à 4 grammes), une infusion (5 grammes dans un litre d'eau), un extrait (à prendre : 2 à 4 grammes), un vin (à prendre : 120 à 200 grammes), un sirop (à prendre : 10 à 100 grammes).

Elle entre dans la composition du « fébrifuge français », de l' « élixir de Peyrilhe », du « remède antiarthritique du duc de Portland ».

Caractères botaniques de la Gentiane jaune. — Racine profonde, pivotante, tortueuse, grosse, brune à l'extérieur, jaune en dedans, spongieuse. Tige droite de 10 à 15 décimètres, vert tendre. Feuilles opposées, arrondies à la base, pointues au sommet. Fleurs apparaissant en mai, jaunes, réunies en groupes compacts à la base des feuilles, et semblant ainsi entourer la tige. Calice fendu longitudinalement. Corolle gamopétale à 4, 5, ou 10 segments profonds, parsemés de points jaunes. Cinq étamines, au filet grisâtre. Ovaire ovoïde terminé en pointe. Style court. Deux stigmates. Graines arrondies nombreuses. Vivace.

PLANCHE II

10. **Menthe poivrée** (*Mentha piperata*). — Cette labiée est surtout cultivée en Angleterre, mais elle réussit aussi chez nous. On la propage par des drageons, en lignes serrées. Il faut changer de sol tous les cinq ans. La récolte de la première année est généralement la plus abondante, mais il faut bien défoncer le sol avant de planter.

On utilise l'extrémité supérieure de la tige, c'est-à-dire celle qui porte les fleurs. On récolte ces sommités fleuries quand la plante est en pleine floraison, c'est-à-dire en août-septembre. On laisse sécher à l'air. En distillant, on obtient une huile essentielle, à odeur bien connue et laissant dans la bouche une sensation de fraîcheur.

Le principe que contient la menthe est tonique et stimulant. Il lui a valu sa réputation de stomachique, de cordiale et de stimulante.

On utilise la menthe sous forme d'infusion (10 grammes pour un litre d'eau, sirop (à prendre : 30 grammes), d'essence (à prendre en potion : 6 à 12 gouttes), d'alcoolat (à prendre : de 1 à 4 grammes), d'esprit de menthe (à prendre : 2 à 8 grammes), de tablettes et de pastilles. — L'essence de menthe anglaise est une solution très concentrée d'essence dans l'alcool.

Caractères botaniques de la menthe poivrée. — Tige de 3 à 6 centimètres, velue, quadrangulaire. Feuilles opposées avec un court pétiole, ovales, aiguës au sommet, dentées en scie, un peu velues. Fleurs violacées formant des sortes d'épis au bout de la tige. Calice à 5 dents presque égales. Corolle en forme d'entonnoir, à quatre lobes dont la supérieure est un peu plus large. Quatre étamines dépassant un peu la corolle. Ovaire à quatre loges. Vivace. Odeur de menthe quand on la froisse entre les doigts.

11. **Menthe crépue** (*Mentha crispa*). — Cette espèce peut, jusqu'à un certain point, remplacer la précédente, bien qu'elle soit moins fine quant à l'essence. On la distingue de la précédente par ses épis de fleur plus allongées, ses feuilles sans pétiole et à limbe crépu. Elle pousse chez nous à l'état sauvage, dans les endroits un peu humides.

12. **Origan** (*Origanum vulgare*). — L'Origan est une labiée commune chez nous un peu partout, notamment le long des chemins et les prairies. On utilise toute la partie supérieure de la tige avec les fleurs qu'elle porte, et on laisse sécher à l'air. On l'emploie surtout en infusion (8 à 15 grammes pour un litre d'eau), et sous cette forme elle est surtout un stimulant de l'estomac et un expectorant. Dans les campagnes, on applique quelquefois un hachis d'origan sur les membres atteints de rhumatismes, mais son efficacité à ce point de vue est plutôt douteuse. Par la distillation on en tire une odeur odorante employée en parfumerie, et aussi pour calmer les douleurs des dents cariées. Il entre dans la composition de la « poudre sternutatoire », du « sirop d'armoise » et dans l' « eau vulnéraire ».

Caractères botaniques de l'Origan. — Taille : 3 à 6 décimètres. Odeur agréable quand on la froisse. Saveur piquante. Feuilles opposées, presque sans pétiole, à bout pointu, velues en dessous. Tige à peine carrée. Fleurs petites, suspendues en paquets au sommet de la tige et de ses ramifications terminales. Calices à cinq dents égales. Corolle labiée. Lèvre supérieure, plane, fendue. Quatre étamines sortant de la corolle. Vivace.

13. **Sauge** (*Salvia officinalis*). — La Sauge est aujourd'hui bien tombée dans l'oubli, bien que ce soit, de toutes les labiées, celle dont l'action stimulante est peut-être la plus intense, trop intense même. Autrefois, cependant, on en faisait une panacée universelle et Horace dit même (en latin) : « Homme, pourquoi meurs-tu, quand, en ton jardin, pousse la Sauge » ? De nos jours, quelques adeptes de la médecine par les plantes,

emploient en infusion (5 grammes pour 1 litre d'eau) les sommités fleuries et s'en trouvent bien pour faciliter leur digestion ou faire circuler le sang au moment d'une défaillance. Il paraît aussi que sous forme d'infusions plus intenses (15 à 60 grammes pour 1 litre d'eau), il fait cicatriser rapidement les blessures sur lesquelles on l'applique à l'aide d'un pansement. La Sauge vit sur les collines du Midi et se cultive facilement dans les jardins. On cueille les sommités fleuries et on les fait sécher à l'air.

Caractères botaniques de la Sauge. — Taille : 3 à 6 décimètres. Odeur agréable. Saveur chaude. Tige très rameuse, ligneuse à la base. Feuilles opposées, vert blanchâtre, finement rugueuses, légèrement velues, pointues au bout. Fleurs grandes, violettes, en paquets à la base des feuilles, dans la région supérieure de la tige. Calice à cinq dents formant deux lèvres. Corolle bilabiée. Lèvre supérieure un peu bombée. Lèvre inférieure à trois lobes. Deux étamines à connectif transversal, basculant.

14. **Pavot** (*Papaver somniferum*). — Le Pavot (famille des Papavéracées) est une plante originaire d'Orient, mais cultivée, en France, presque partout. Tous ses tissus sont remplis d'un suc blanc, un latex, qui contient des alcaloïdes extrêmement puissants et notamment la morphine, la codéine, la narcéine, la narcotine, la thébaïne, la papavérine, etc.

On utilise surtout les capsules, qui sont longues, sphériques ou déprimées suivant les variétés. On récolte à l'automne, surtout celles du Pavot blanc, à leur maturité complète et on les laisse sécher à l'air. On les ordonne en infusion pour faire dormir ou pour calmer des douleurs : c'est un médicament dont il ne faut user qu'avec prudence, car une infusion trop concentrée pourrait amener la mort. C'est avec les mêmes capsules que l'on fait le sirop « diacode », narcotique puissant.

En Orient, des capsules fraîches on extrait l'opium en les incisant et en recueillant le suc qui s'en écoule. On en tire aussi de la morphine, employée pour calmer les douleurs, mais qui cause un tel soulagement qu'on ne peut plus finalement s'en passer, ce qui altère rapidement la santé. C'est la morphine qui agit dans la composition calmante appelée *laudanum*.

Les graines du Pavot donnent l' « huile d'œillette », qui est comestible.

Caractères botaniques du Pavot. — Plante de 10 à 15 décimètres, de couleur glauque, couverte d'une légère poudre s'enlevant au doigt. Feuilles alternes, entourant presque la tige à leur base, très larges et très ondulées. Deux sépales tombant à l'ouverture du bouton. Corolle très grande formée de quatre pétales blancs ou rosés ou violacés. Nombreuses étamines. Ovaire bombé, à intérieur divisé par des cloisons rayonnantes et couvertes de graines. Capsules s'ouvrant sous le stigmate, lequel est large, plat et lobé, par de petits trous, ou ne s'ouvrant pas du tout. Graines très nombreuses, petites, de diverses couleurs, en forme de rein et réticulées à la surface.

15. **Mauve** (*Malva sylvestris*). — La Mauve (famille des Malvacées) est une des plantes médicinales les plus populaires. Il est facile de s'en procurer, car elle croît un peu partout, jusque dans les lieux incultes. On utilise surtout les fleurs, que l'on peut récolter pendant tout l'été. On doit les faire sécher au grenier, ou tout au moins dans un endroit obscur, car la lumière leur fait perdre leur couleur. Il faut aussi, pour la même raison, les conserver à l'abri des rayons solaires. On peut encore se servir des feuilles que l'on récolte au mois de juin et de juillet et que l'on fait sécher.

Avec les fleurs, on fait une infusion (10 grammes pour 1 litre d'eau) agréable à boire ; ces fleurs font partie de la tisane « des quatre fleurs ».

Les feuilles s'emploient en infusion (10 grammes pour 1 litre d'eau) ou en décoction (15 à 30 grammes pour 1 000). Sous cette dernière forme, on s'en sert pour faire des lavements et des lotions.

La Mauve est riche en principes visqueux : elle est, par suite, émolliente, adoucissante et béchique (c'est-à-dire à employer contre la toux).

Caractères botaniques de la Mauve. — Plante rameuse de 3 à 6 décimètres. Feuilles alternes, longuement pétiolées, arrondies à cinq ou sept lobes peu profonds, obtus, avec deux stipules aiguës. Fleurs roses, rayées de stries rouges plus foncées. Calicule à trois folioles. Calice à cinq lobes. Corolles à cinq pétales. Étamines nombreuses, réunies par leur filet en un tube qui entoure le style. Une dizaine de stigmates. Ovaire supère à nombreuses loges. Fruit (*a*) formé d'une série de petits akènes disposés en couronne.

16. **Coquelicot** (*Papaver rhœas*). — Les Coquelicots (famille des Papaveracées) abondent dans les champs

et surtout dans les moissons où, en quelques minutes, on peut faire une abondante récolte. Il suffit de prendre les pétales à la si jolie couleur rouge, mais à l'odeur plutôt désagréable. On les fait sécher dans un grenier en les étalant sur un journal et en les empilant le moins possible. Si l'on prend soin de les remuer de temps en temps, ils restent rouges ; s'ils deviennent noirs, c'est que l'opération aura été mal faite. Conserver naturellement dans un lieu bien sec. On utilise surtout ces pétales en infusion (5 grammes pour 1 litre d'eau). On en fait aussi un sirop (à prendre : 10 à 30 grammes) et une teinture (à prendre : 1 à 2 grammes).

Mélangés au « pied de chat » (Gnaphalier dioïque) et au « pas d'âne » (Tussilage), ils constituent les « espèces béchiques », c'est-à-dire à employer contre la toux.

Les pétales de coquelicots sont un peu calmants et sudorifiques. On les emploie surtout contre la toux.

Caractères botaniques du Coquelicot. — Plante couverte de poils rudes. Calice à deux sépales réunis en partie et tombant au moment de l'ouverture du bouton. Quatre pétales rouges, très minces. Nombreuses étamines noires. Capsule (*b*) un peu allongée et terminée par un stigmate aplati au-dessous duquel se forment les fenêtres de déhiscence. Feuilles très découpées.

PLANCHE III

17. **Lin** (*Linum usitatissimum*). — Le Lin (famille des Linacées) est cultivé en grand pour les fibres que l'on en retire par le rouissage et dont on fait de la belle toile. On en recueille aussi les graines qui servent à de nombreux usages. On en retire une huile qui, cuite, constitue une excellente huile siccative. En outre, ces graines sont très employées en médecine par suite du mucilage abondant que produit momentanément le tégument quand on les plonge dans l'eau. Ce mucilage peut être employé seul : pour l'obtenir, on mélange une partie de graines avec cinq parties d'eau, puis, au bout de six heures, on passe à la passoire. Pour faire de la tisane, on fait infuser dix parties de graines dans cent parties d'eau. Si l'on veut une décoction susceptible de servir de lavement, on met 10 grammes de graines dans 1 litre d'eau. Mais c'est surtout sous forme de farine qu'on l'emploie : on l'obtient en broyant les graines dans un mortier ou dans un moulin ; il convient de ne l'employer que nouvellement préparée ; sans quoi, on risque d'employer de la farine altérée, rancie, qui brûle la peau au lieu de la guérir. Pour avoir des cataplasmes, on mélange quatre parties de farine de lin dans treize parties d'eau bouillante.

On recommande les graines de lin, sous forme de tisane, dans les affections du tube digestif. Le lavement permet d'introduire dans le gros intestin quelques substances peu solubles que l'on y a mélangé préalablement. Les lotions sont adoucissantes pour la peau, de même que les cataplasmes.

Caractères botaniques du lin. — Tige grêle, non rameuse. Feuilles petites, presque linéaires. Fleurs (*a*) bleues pentamères. Capsule (*b*) déhiscente en dix valves, chaque loge contenant une graine ovale, plate, brune.

18. **Thym** (*Thymus vulgaris*). — Cette Labiée est très commune sur les collines sèches surtout ; elle est souvent cultivée dans les jardins, notamment en bordures. On utilise la plante entière en la récoltant au moment de la floraison et en la disposant en paquet que l'on fait sécher à l'air ou au séchoir. On en fait surtout des infusions (30 à 100 grammes pour 1 litre d'eau). On en tire aussi une essence très recommandée depuis quelque temps comme antiseptique : c'est le thymol, qui fait aussi partie du « baume opodeldoch » et est employé comme odontalgique (pour guérir les douleurs du mal de dents).

Le thym est un amer astringent, un stimulant et un tonique. A recommander quand l'estomac est paresseux à digérer.

C'est aussi un condiment que connaissent toutes les cuisinières, qui l'emploient, conjointement avec le laurier, pour aromatiser le lapin, les ragouts, etc.

Caractères botaniques du thym. — Petite plante dégageant, quand on la froisse, une odeur caractéristique. Tiges ligneuses de 1 à 2 décimètres. Feuilles opposées, sans pétiole, lancéolées, roulées en dessous par les bords. Fleurs roses ou blanches, réunies par trois à l'aisselle des feuilles supérieures. Corolle à deux lèvres, la supérieure à trois dents, l'inférieure à deux dents.

20. **Chêne** (*Quercus robur*). — Le chêne, de la famille des Cupulifères, pousse et est cultivé partout, sauf dans les régions qui sont à plus de 900 mètres d'altitude. On utilise son écorce (à récolter sur les arbres de 3 ou 4 ans, un peu avant la floraison), les feuilles (à récolter en été), les glands (à récolter en automne) et les galles (à récolter en automne).

On emploie l'écorce en décoction (10 à 30 grammes pour 1 litre d'eau) comme fébrifuge. On en fait aussi une poudre. Décoction et poudre s'emploient pour guérir rapidement les plaies et, en gargarisme, contre les maux de gorge.

Les glands, grillés comme le café noir, pulvérisés et infusés dans l'eau (3o à 6o grammes dans 1 litre) donnent une liqueur tonique, pouvant, jusqu'à un certain point, remplacer le café.

Les feuilles, infusées dans du vin rouge et mélangées de miel, constituent un bon gargarisme.

Les galles, produites par la pique d'insectes, sont riches en tanin, mais ne servent pas en médecine : avec du sulfate de fer, on en fait de l'encre.

21. ORCHIS (*Orchis mascula*). — Cette orchidée se rencontre, au printemps, dans les prairies et les bois montagneux. Ses tubercules, seuls ou mélangés à ceux d'autres *Orchis*, constituent, quand ils sont séchés, le *Salep*. Au préalable, on les enfile dans une ficelle et on les fait cuire, jusqu'à ce qu'ils commencent à se ramollir. On en fait une tisane par décoction (10 grammes pour 1 litre d'eau), une gelée, du chocolat, etc. Associé au lait ou au bouillon, le Salep donne un potage très bon pour les convalescents. La tisane convient dans la convalescence de la diarrhée.

Caractères botaniques de l'Orchis. — A la base de la tige, quelques radicelles et deux tubercules, l'un, ordinairement très bombé, l'autre, flétri plus ou moins. Tige herbacée. Feuilles allongées à nervures parallèles. Fleurs en épis. Ovaire infère, long et contourné sur lui-même en spirale. Trois sépales colorés. Trois pétales, dont l'inférieur est très grand et lobé (labelle). Une étamine à deux loges renfermant du pollen aggloméré et soudée au stigmate. Un éperon. Graines très petites, comme de la poussière.

22. ABSINTHE (*Arthemisia absinthium*). — L'absinthe (famille des Composées), croît spontanément dans les lieux incultes et le bord des chemins ; on la cultive aussi, mais elle est alors moins bonne. Elle est trop connue pour l'exécrable liqueur que l'on en tire et qui — sous le fallacieux prétexte d'être apéritive — détruit rapidement le système nerveux et finit par rendre fous, épileptiques, paralysés ou idiots ceux qui se livrent à son usage. On peut cependant l'employer à petite dose en médecine comme tonique : on récolte les feuilles au moment de la floraison, on les fait sécher, et, au moment de s'en servir, on a fait une infusion (5 grammes pour 1 litre d'eau) : mais elle fait mourir plutôt que guérir et son usage — qui dégénère vite en abus — n'est pas à recommander.

Caractères botaniques de l'absinthe. — Taille : 5o centimètres à 1 mètre. Odeur aromatique. Feuilles très découpées. Fleurs réunies en capitules serrés, jaunes, formant une grappe lâche. Fleurons du centre hermaphrodites. Fleurons de la périphérie femelles et irréguliers.

23. SAULE. — Du saule, on extrait un principe, la *salicine*, qui, dans ces derniers temps, a été très vantée pour le traitement des rhumatismes.

L'écorce est rougeâtre et amère.

24. PETITE CENTAURÉE (*Erythræa centaurium*). — Autrefois, du temps où on ne connaissait pas encore le quinquina, cette plante (de la famille des Gentianées) était considérée comme la meilleure herbe à employer pour faire diminuer la fièvre. Aujourd'hui, elle n'est plus guère employée à ce point de vue que par quelques personnes, soit seule, soit, plus souvent, ajoutée au quinquina. C'est un fébrifuge et un stomachique.

Elle pousse un peu partout, surtout le long des haies et dans les petits bois. On récolte toute la plante ou simplement les sommités fleuries, en juillet et août et on les dessèche rapidement dans un grenier bien chaud. On peut aussi opérer cette dessiccation à l'air, mais à condition d'envelopper les petits paquets d'un cornet de papier : la lumière, en effet, en altère la couleur. On l'emploie surtout en infusion (10 grammes pour 1 litre d'eau), en poudre comme stomachique (à prendre : 1 à 2 grammes), en sirop, en vin, etc.

Elle entre dans la composition des « espèces amères », du « baume vulnéraire », de l' « esprit carminatif de Sylvius » et de la « Thériaque ».

Caractères botaniques de la petite Centaurée. — Plante de 2 à 3 décimètres. Feuilles opposées non dentées. Inflorescence en cyme dichotome. Fleurs rosées. Calice à 5 divisions. Corolle à cinq crans. Cinq étamines, dont les anthères se tordent en spirale quand elles s'ouvrent. Ovaire allongé. Capsule bivalve.

25. BOUILLON BLANC (*Verbascum thapsus*). — Cette scrofulariacée est très facile à reconnaître par sa grande taille, ses tiges et ses feuilles cotonneuses, ses grandes fleurs jaunes réunies en épis également cotonneux. On le trouve un peu partout, notamment dans les décombres et le long des chemins. On recueille les corolles, qui se détachent d'elles-mêmes quand elles sont épanouies et on les fait sécher : elles conservent leur couleur jaune et dégagent une légère odeur de violette. On peut aussi recueillir les feuilles et les faire sécher.

Avec les fleurs, on fait une infusion (10 à 30 grammes pour un litre d'eau), que l'on prend pour le rhume, après avoir eu soin de la passer au travers d'une mousseline. Sans cette précaution, on avalerait des poils dont l'effet serait inverse de celui que l'on attend.

Avec les feuilles, on fait une décoction servant de lavement. Appliquées cuites, elles passent pour guérir rapidement les petites blessures.

Caractères botaniques du Bouillon Blanc. — Plante de 6 à 12 centimètres. Couverte d'un duvet cotonneux qui lui donne un aspect blanc. Tige droite. Feuilles grandes, épaisses, cotonneuses. Inflorescence en épi. Calice cotonneux. Corolle gamopétale, à cinq lobes et à tube très court. Cinq étamines inégales et à filet plus ou moins arqué. Capsule à deux valves.

26. **Framboise** (*Rubus Idæus*). — Les Framboisiers, ainsi que, et de préférence les Ronces (qui appartiennent au même genre), sont bien connus pour leurs feuilles qui sont un remède populaire et officace dans les maux de gorge. On recueille des feuilles et on les fait sécher. En se gargarisant avec l'infusion qu'elles permettent de faire (10 grammes pour 1 litre) le tanin agit, par son astringence, sur notre muqueuse laryngée et en diminue l'inflammation. Avec les fruits du framboisier, ainsi qu'avec les mûres, on peut aussi faire des tartes bonnes à prendre dans le même but.

Caractères botaniques du Framboisier. — Plante sarmenteuse couverte d'épines épaisses et recourbées vers le bas. Feuilles composées, également piquantes. Fleur construite sur le type 5. Corolle blanche. Nombreuses étamines. Fruit composé de plusieurs petits akènes à paroi externe charnue.

27. **Acore** (*Acorus calamus*). — Cette plante, de la famille des Aroïdées, se rencontre dans quelques marais. On utilise le rhizôme, que l'on recueille au printemps et à l'automne et on le laisse sécher à l'air. On peut l'employer en décoction (20 grammes pour 1 litre) ou en poudre. On se trouve bien de le prendre dans les cas de maux d'estomac et les vomissements. On peut aussi s'en servir pour aromatiser la bière et — mais le fait est douteux — pour rendre la voix plus claire. Très employée en Allemagne, où la plante est plus connue qu'en France.

Caractères botaniques de l'Acore. — Aspect général de l'iris, quant au rhizôme et aux feuilles. Inflorescence semblant s'attacher au milieu de certaines feuilles et composées de fleurs tassées les unes contre les autres, petites, jaunâtres, hermaphrodites. Capsule à trois loges.

28. **Fougère mâle** (*Polystichum filix mas*). — La Fougère mâle constitue un remède très efficace contre le ver solitaire ; il ne le tue pas, mais le « stupéfie », c'est-à-dire qu'il le force à relâcher les ventouses et les crochets qui se cramponnent à la muqueuse de l'intestin. Quand le ver est sous cette influence déprimante, on fait prendre au malade un fort purgatif. Le flux intestinal détache alors le ver sans difficulté et l'entraîne au dehors. On emploie à cet effet soit le rhizôme en poudre faite récemment (30 grammes), soit l'extrait alcoolique ou éthéré (2 à 4 grammes) du même rhizôme. Il est aussi efficace contre le ver solitaire proprement dit que contre le Botriocéphale (ver solitaire à anneaux plus larges que longs).

La Fougère mâle est assez commune dans les buissons et les lieux ombragés. On récolte les rhizômes en hiver et on les choisit de couleur verte. Ils perdent assez rapidement leur huile essentielle et, par suite, leurs propriétés tœnifuges. On peut aussi tirer le principe actif des jeunes feuilles.

Caractères botaniques de la fougère mâle. — Rhizôme (tige souterraine) horizontale, couvert de poils. Feuilles aériennes, longues de 5 à 10 décimètres, deux fois découpées ; à pétiole couvert de poils bruns. A la face inférieure des feuilles (b) il y a des amas de spores disposés en deux séries parallèles et recouverts chacun par une petite peau (indusie) en forme de rein.

29. **Ergot de seigle** (*Claviceps purpurea*). — Le seigle est sujet à une maladie qui se caractérise en ce que quelques grains dans l'épi, au lieu de se développer normalement, deviennent noirs, un peu arqués et prennent un accroissement tel qu'ils dépassent beaucoup les épillets où ils ont pris naissance. Ces grains altérés par un champignon constituent l'*ergot de seigle*. Il contient une substance très active, l'*ergotine*, qui est susceptible de faire contracter beaucoup nos fibres musculaires lisses et nos vaisseaux sanguins. Son emploi est très dangereux et le médecin seul peut apprécier les cas où on peut l'ordonner.

30. **Arnica** (*Arnica montana*). — L'Arnica (famille des composées) pousse dans les pâturages des montagnes,

notamment dans les endroits où le sol est siliceux. Il est difficile à cultiver. On utilise surtout les capitul
que l'on récolte en juillet et que l'on fait sécher à l'étuve. On peut aussi employer les racines et les feuille
Sous le nom de *quinquina des pauvres*, on le recommandait autrefois pour guérir les fièvres intermittente
En infusion (4 à 8 grammes pour 1 litre d'eau) c'est un tonique excitant. A l'état de teinture, c'est-à-dir
d'extrait alcoolique, c'est un remède populaire que l'on emploie en compresses pour les petites blessures e
surtout les coups trop violents. Il ne faut pas abuser de l'arnica qui, absorbé en trop forte dose, peut ame
ner de graves accidents et même la mort.

Caractères botaniques de l'Arnica. — Plante de 2 à 6 décimètres. Rhizome fibreux. Quatre feuilles réuni
en rosette, du centre de laquelle s'élève le capitule. Celui-ci est entièrement jaune (5 à 6 centimètres de dia
mètre). Akènes surmontés d'une aigrette blanche.

31. **MYRTILLE** (*Vaccinium myrtillus*). — La myrtille est un tout petit arbrisseau (famille des vacciniacée
croissant dans les bois. Ses fruits sont des baies noires (*b*) que l'on emploie en nature ou en sirop comme ra
fraîchissant et astringent dans les diarrhées chroniques. On peut aussi les faire sécher et les prendre e
poudre. Dans quelques pays, on s'en sert pour rehausser la couleur du vin.

Caractères botaniques de la myrtille. — Petit arbrisseau. Feuilles veinées sur les deux faces. Corolle e
cloche, blanche, à cinq dents. Ovaire infère. Baie portant en haut les traces du calice.

32. **LICHEN D'ISLANDE** (*Cetraria Islandica*). — Il croît dans la plupart de nos montagnes, mais c'est e
Islande qu'il est le plus abondant. C'est une lame plate, irrégulièrement ramifiée et dont à la surface o
remarque des taches, qui sont les organes reproducteurs. On l'arrache facilement des rochers et des arbr
sur lesquels il se trouve et on le fait sécher. On peut en faire une infusion en le faisant simpleme
bouillir dans de l'eau (10 à 60 grammes pour 1 litre) : la solution contient ainsi un principe amer, le citra
rin, et un principe mucilagineux. Il agit alors comme tonique, stomachique, fébrifuge, mais il ne faut p
prolonger son action car il devient rapidement purgatif. Ordinairement on le débarrasse d'abord de son cétrari
en le faisant bouillir dans l'eau additionnée de carbonate de soude à 3 ou 4 $^0/_0$: il ne reste plus que la ma
tière mucilagineuse dont on fait des sirops, des gelées, du chocolat, etc. ; toutes ces compositions sont eff
caces dans les bronchites : elles calment la toux et diminuent surtout l'irritation de la gorge qui la provoqu

33. **LYCOPODE** (*Lycopodium clavatum*). — C'est une plante (famille des Lycopodiacées) de montagne, qui s
présente sous la forme d'une tige rampante couverte de petites feuilles. De place en place, il s'en élève de
tiges verticales se bifurquant pour se terminer par deux épis contenant une poussière fine de spores. On re
cueille ces épis avant que les petites feuilles qui le composent se soient écartées les unes des autres et on l
dépose dans un lieu non exposé aux courants d'air. Les épis, en se desséchant, s'entr'ouvent et laissent échap
per une poussière fine d'une douceur excessive. On se sert de cette poudre pour en frotter la peau de
enfants aux places où elle a une tendance à s'excorier et à se gercer. Les personnes obèses en font u
usage analogue dans les parties où les régions trop grasses se frottent et s'enveniment. En pharmacie, o
emploie encore la poudre de lycopode pour y rouler les pilules et les empêcher d'adhérer les unes aux autre
Enfin, dans les théâtres, on s'en sert pour simuler des éclairs en la projetant dans la coulisse sur une boug
allumée.

34. **POTENTILLE** (*Potentilla tormentilla*). — Cette petite Rosacée est la plus employée du genre *Potentill*
On récolte sa racine en automne et on la laisse sécher. On en fait une décoction en la faisant bouillir pe
dant un quart d'heure environ à raison de 50 à 60 grammes de racines pour 1 litre d'eau. Cette décocti
est un puissant astringent ; elle est à recommander dans les diarrhées, la dysenterie et les hémorrhagie
Un gargarisme rend des services dans les cas de maux de gorge et les ulcérations de la bouche. C'est u
plante commune dans les bois.

Caractères botaniques de la Potentille. — Petite plante de 2 à 3 décimètres. Racine rampante, épais
Feuilles divisées palmées, à bord crénelé. Calice à quatre pétales, muni d'un calicule. Quatre pétales jaune
petits. Etamines nombreuses. Fruit composé de petits akènes.

Saint-Amand (Cher). — Imprimerie BUSSIÈRE.

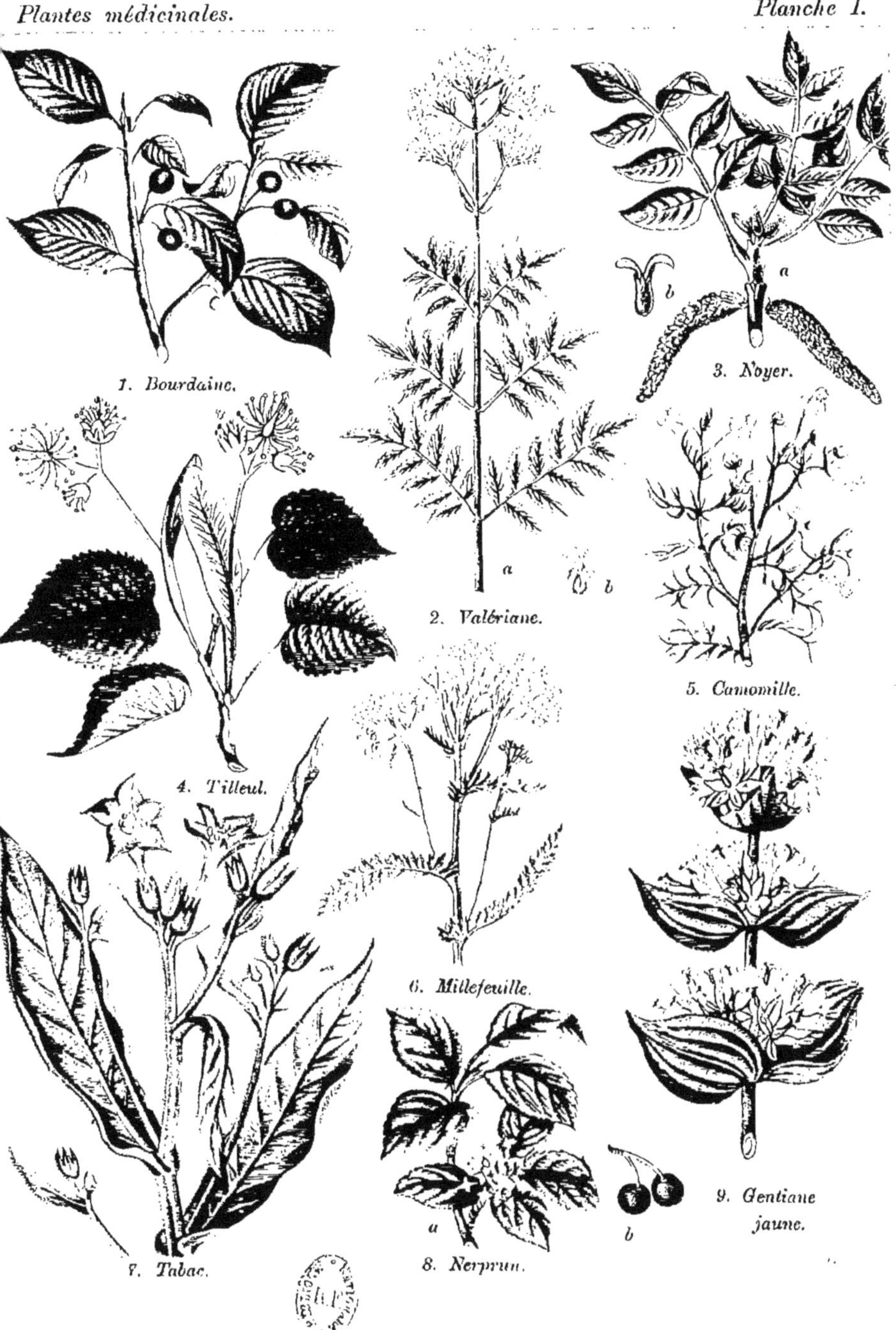

1. Bourdaine.
2. Valériane.
3. Noyer.
4. Tilleul.
5. Camomille.
6. Millefeuille.
7. Tabac.
8. Nerprun.
9. Gentiane jaune.

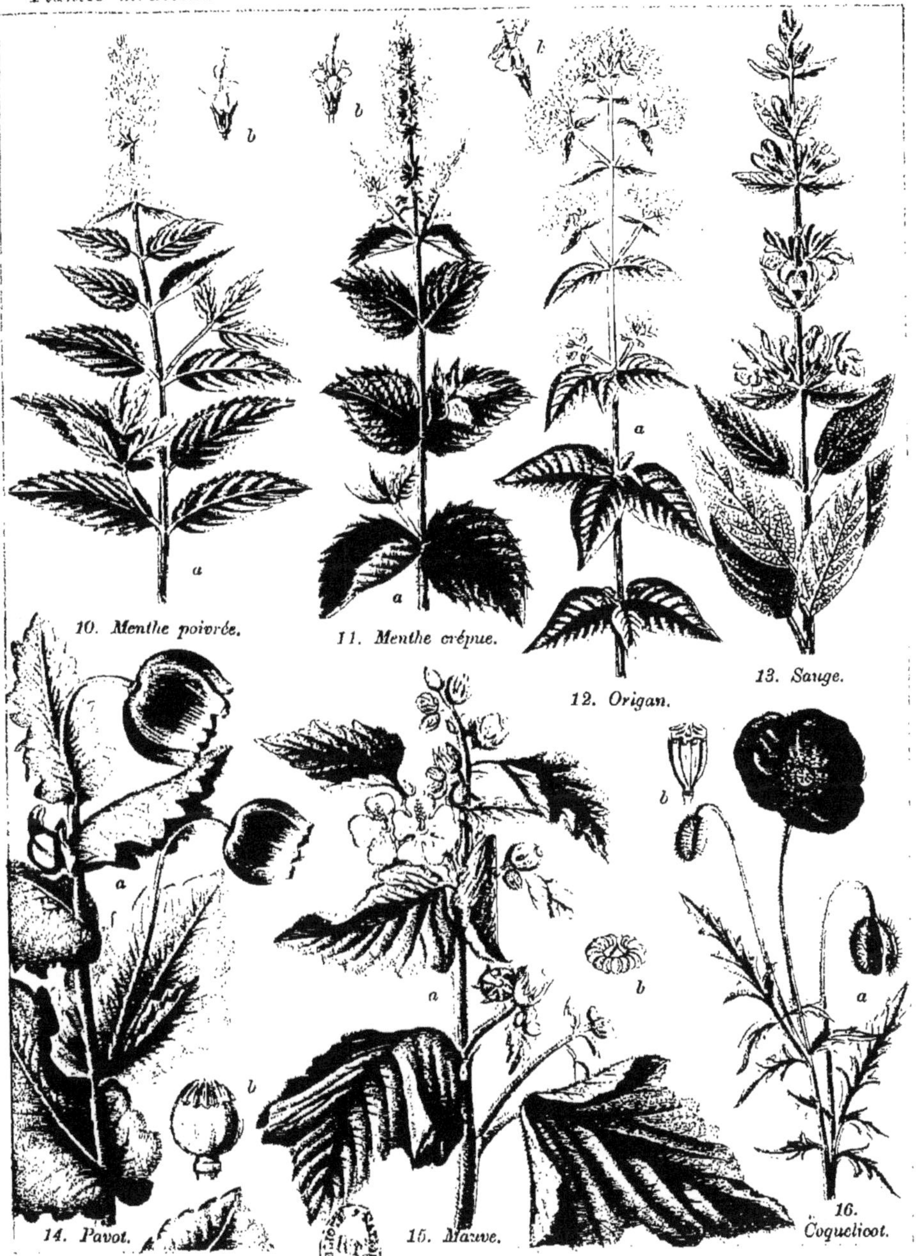

10. Menthe poivrée.

11. Menthe crépue.

12. Origan.

13. Sauge.

14. Pavot.

15. Mauve.

16. Coquelicot.

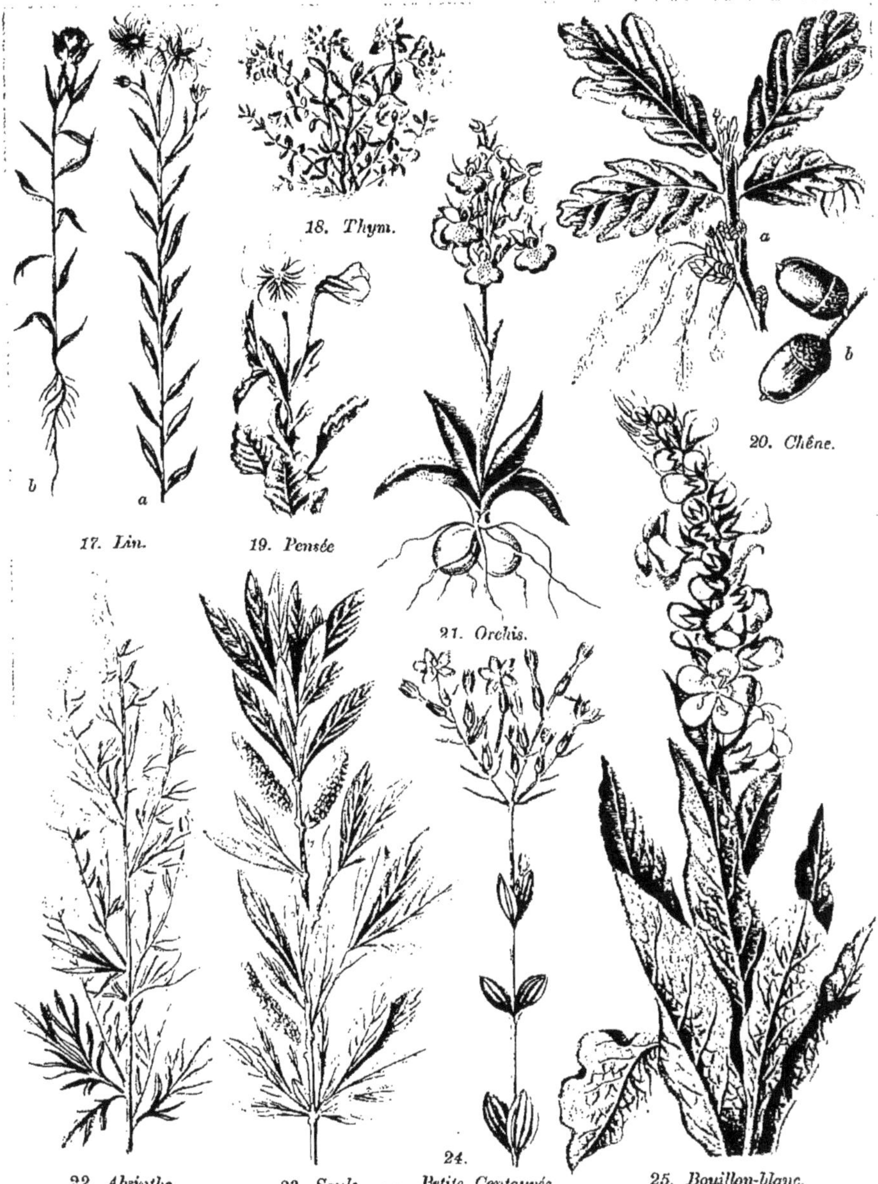

18. *Thym.*

20. *Chêne.*

17. *Lin.*

19. *Pensée*

21. *Orchis.*

22. *Absinthe.*

23. *Saule.*

24. *Petite Centaurée.*

25. *Bouillon-blanc.*

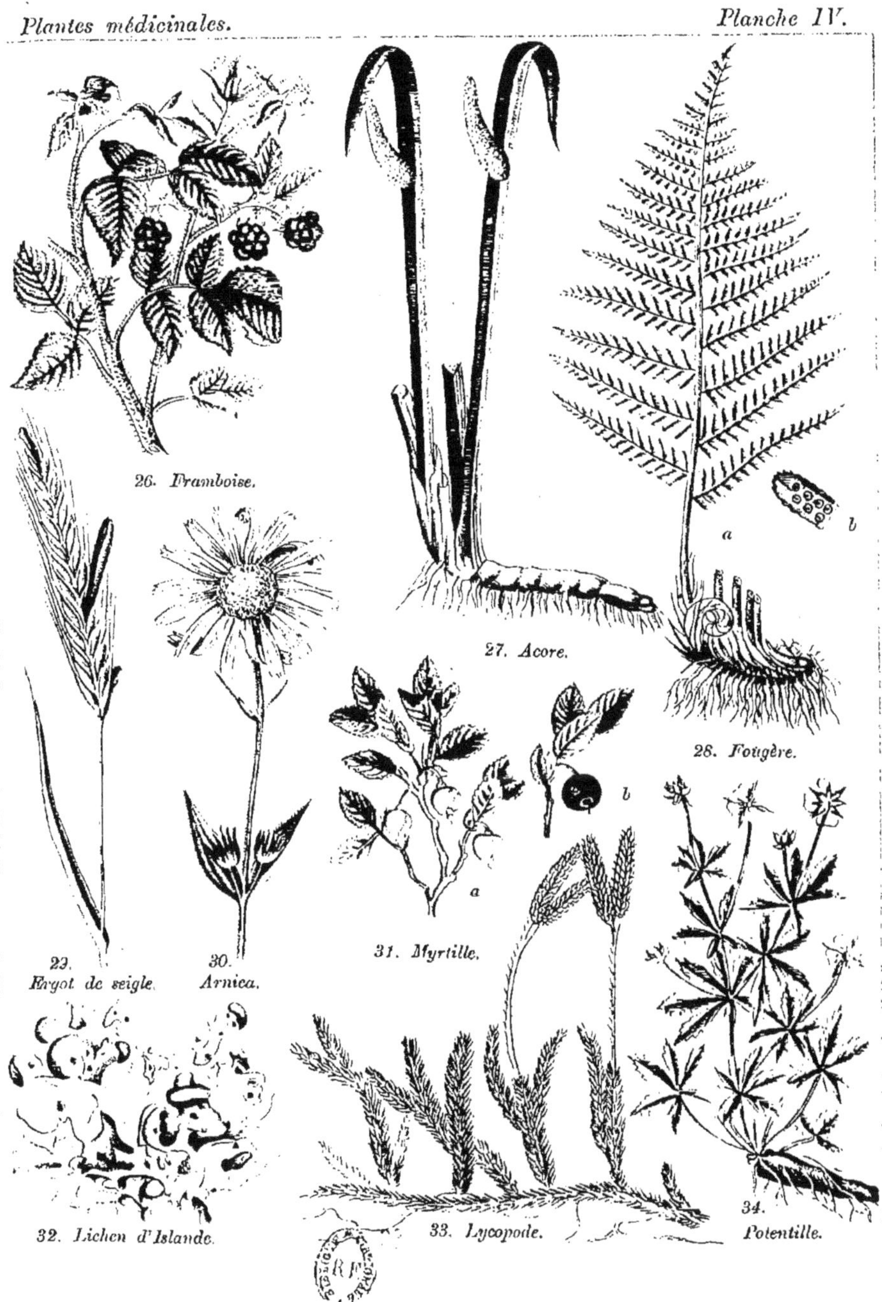

26. Framboise.
27. Acore.
a
b
28. Fougère.
29.
Ergot de seigle.
30.
Arnica.
31. Myrtille.
a
b
32. Lichen d'Islande.
33. Lycopode.
34.
Potentille.